Generis
PUBLISHING

Mémento : Evaluation de la qualité de l'eau souterraine destinée à la consommation humaine

Petit guide à l'usage des humanitaires du secteur de l'eau dans les pays du Sud

Arthur KANIKI TSHAMALA

Title: **Mémento : Evaluation de la qualité de l'eau souterraine destinée à la consommation humaine**

Petit guide à l'usage des humanitaires du secteur de l'eau dans les pays du Sud

ISBN: 979-8-89966-336-9

Author: Arthur KANIKI TSHAMALA

Cover image: https://pixabay.com/

Publisher: Generis Publishing
Online orders: www.generis-publishing.com
Contact email: info@generis-publishing.com

Pour évaluer la qualité de l'eau de consommation, j'utilise mon aide-mémoire

TABLE DES MATIERES

ABREVIATIONS

OMS : Organisation Mondiale de la Santé

UE : Union Européenne

USA : United State of America

pH : potentiel Hydrogène

MES : Matières en suspension

CNRS : Centre National de la Recherche Scientifique

OFEFP : Office Fédéral de l'Environnement, des Forêts et du Paysage

SPDE : Syndicat Professionnel des Entreprises des Services d'Eau et d'Assainissement

MDDEP : Ministère du Développement Durable, de l'Environnement et des Parcs

GPS : Global Position System

ISO : International Standards Organisation

NTU : Nephelometric Unity Turbidity

UFC : Unité Formant Colonies

GLOSSAIRE

1. Acide : Substance à pH inférieur à 7 et dont l'une des caractéristiques est de corroder ou attaquer des supports tels que des récipients ou des conduites métalliques. En contact avec la peau, certains acides tels que l'acide sulfurique peuvent créer des brûlures. Une eau acide, en attaquant le récipient métallique ou la conduite avec laquelle elle est mise en contact, perd ses qualités car elle emporte avec elle les substances métalliques.
2. Analyse de laboratoire : analyse réalisée au laboratoire et non sur terrain ou sur le site. Les analyses de laboratoire sont plus approfondies et plus précises que celles réalisées sur terrain.
3. Analyse microbiologique : analyse effectuée dans le but de savoir si l'eau renferme des microbes ou microorganismes pathogènes ; c'est-à-dire des organismes vivants, capables de se multiplier et pouvant provoquer des maladies.
4. Anion : espèce chimique, généralement non métallique, chargée négativement et pouvant précipiter avec des métaux pour former des flocons ou une sorte de boue qui se dépose au fond du récipient contenant de l'eau.

5. <u>Canne télescopique</u> : long tube (métallique, en bois ou en plastique) dont les différentes parties peuvent s'emboiter les unes dans les autres de façon à augmenter sa longueur.
6. <u>Captage</u> : aménagement effectué pour recueillir l'eau provenant d'un puits foré ou d'une source pour un usage privé ou public.
7. <u>Conductivité</u> : aptitude qu'a l'eau à laisser passer le courant électrique. Elle est liée à la présence des sels minéraux dissous.
8. <u>Coliformes totaux</u> : ils constituent un groupe hétérogène des bactéries d'origine fécale (dont les bactéries Escherichia coli) et environnementale. La plupart de ces espèces peuvent se trouver dans le sol et dans la végétation. Leur présence dans l'eau n'indique généralement pas une contamination fécale ni un risque sanitaire, mais plutôt une dégradation bactérienne de l'eau par des microorganismes pathogènes.
9. <u>Conformité</u> : caractère de ce qui respecte les prescriptions.
10. <u>Contrôle de routine</u> : vérification faite à l'accoutumée suivant un intervalle de temps réduit.
11. <u>Corrosion</u> : dégradation progressive provoquée par une eau acide.
12. <u>Critères d'appréciation</u> : données objectives qui permettent de porter un jugement valable.

13. Directive : instruction à caractère général donnée par une autorité ou une organisation dont la compétence dans le domaine n'est pas à mettre en doute.

14. Eau minérale : eau qui contient, naturellement ou après ajout, des substances nécessaires à l'organisme, pouvant avoir des propriétés thérapeutiques et faisant l'objet d'une réglementation.

15. Eau potable : eau qui peut être bue sans danger par les êtres humains et répondant aux directives de l'OMS.

16. Echantillon témoin : échantillon identique à l'échantillon de départ, prélevé dans les mêmes conditions de manière à avoir les mêmes caractéristiques et pouvant servir à la vérification des résultats d'analyse, par exemple en cas de perte de l'échantillon initial. En règle générale, il s'agit d'une fraction de l'échantillon de départ qui est conservée pour servir à une démarche de vérification ou de comparaison ultérieure.

17. Echantillonnage : prélèvement d'une petite quantité d'une substance (par exemple l'eau) en vue d'une étude. L'échantillonnage doit être représentatif, c'est-à-dire que la portion prélevée doit avoir les mêmes caractéristiques que le grand lot.

18. Enceinte réfrigérée : récipient hermétiquement fermé, généralement en double paroi et susceptible de garder le liquide à une basse température, à l'aide des blocs de glace par exemple.

19. Escherichia Coli : font partie du groupe des coliformes totaux. C'est une espèce très abondante dans la flore intestinale humaine et animale, et c'est aussi la seule qui soit strictement d'origine fécale. Les bactéries E. coli sont considérées comme le meilleur indicateur de contamination fécale. Leur présence dans l'eau signifie que cette dernière est contaminée par une pollution d'origine fécale et qu'elle peut donc contenir des microorganismes pathogènes. D'après l'OMS, c'est l'indicateur le plus précis pour estimer la pollution fécale.

20. Etiquette : morceau de papier que l'on appose sur un flacon contenant un échantillon d'eau et portant des informations susceptibles de bien l'identifier.

21. Fiche de prélèvement : feuille à compléter par l'échantillonneur lors du prélèvement et sur laquelle les informations nécessaires et importantes sont préalablement renseignées.

22. Forage : creusement réalisé en vue de recueillir l'eau souterraine.

23. Fréquence d'analyse : intervalle de temps entre deux analyses.
24. Glacière : contenant de petite taille refroidi par la glace et servant à conserver et à transporter des denrées qui doivent être tenues au froid.
25. GPS : appareil utilisé dans le but de préciser la localisation d'un ouvrage fixe (captage par exemple) en utilisant des repères universels.
26. Hydrocarbure : substance extraite du pétrole et utilisée comme lubrifiant ou comme combustible.
27. Insipide : qui n'a pas de goût.
28. ISO (international standards organisation) : organisation internationale de normalisation ou organisme chargé de coordonner et d'unifier les normes nationales.
29. Marker indélébile : marqueur ou feutre avec lequel on trace des traits épais dont on ne peut pas effacer les traces à l'eau.
30. Mémento : document servant d'aide mémoire.
31. Métal : corps simple, solide cristallin caractérisé par une importante conductivité thermique et électrique.
32. Microbiologie : science consacrée à l'étude des microorganismes.

33. Norme : spécification technique établie à des fins de qualité, de sécurité ou d'uniformisation.

34. Organoleptique : qui fait appel aux organes de sens humain. Une analyse organoleptique d'eau n'utilise aucun appareil.

35. Oxo anion : espèce chimique contenue dans l'eau, renfermant des atomes d'oxygènes et qui est chargée négativement.

36. Paramètre chimique : critère d'appréciation de la qualité de l'eau lié à la présence d'une substance chimique.

37. Paramètres globaux : critère d'appréciation de la qualité de l'eau donnant des informations sur plusieurs autres paramètres.

38. Paramètre microbiologique : critère d'appréciation de la qualité de l'eau lié à la présence des microorganismes.

39. Paramètre physique : critère d'appréciation de la qualité de l'eau lié à l'aspect physique.

40. Paramètre de routine : critère d'appréciation de l'eau à faible intervalle de temps.

41. Pathogène : capable de provoquer une maladie.

42. Pesticide : produit chimique utilisé pour éliminer les parasites végétaux ou animaux qui nuisent aux cultures.

43. pH : critère permettant de spécifier si une eau est acide ou non. En réalité, acide n'est pas synonyme de poison. Une boisson à pH acide peut être consommée (coca, jus de citron ou de tomate). En ce qui concerne l'eau potable, il est souhaitable d'avoir un pH proche du neutre (pH 7) pour éviter la corrosion de l'équipement utilisé pour le transport ou la conservation.
44. Physico-chimie : domaine de la chimie consacré aux propriétés physiques des éléments et des composés chimiques.
45. Poison : substance toxique qui peut provoquer la détérioration, la perturbation des fonctions vitales ou la mort si consommée ou ingérée dans l'organisme.
46. Puits : trou circulaire profond et étroit, pratiqué ou creusé dans le sol de façon à atteindre l'aquifère ou la nappe d'eau souterraine.
47. Réactif de conservation : produit chimique utilisé pour préserver la qualité de l'eau sur une période déterminée.
48. Réactif de désinfection : produit chimique capable d'éliminer des microorganismes.
49. Résultat représentatif : résultat considéré comme typique ou caractéristique d'un ensemble.
50. Source : endroit où l'eau souterraine jaillit naturellement du sol.

51. Taille de l'échantillon : quantité de l'échantillon.

52. Turbidité : désigne la concentration en matières qui troublent une eau. Dans les cours d'eau, elle est généralement causée par des matières en suspensions et des particules colloïdales qui absorbent, diffusent et/ ou réfléchissent la lumière.

INTRODUCTION GENERALE

Toute personne qui offre de l'eau à boire, à titre onéreux ou à titre gratuit, est tenue de s'assurer que cette eau est propre à la consommation.

Les organismes humanitaires intervenant dans le secteur de l'eau dans les pays du Sud sont généralement confrontés au problème d'évaluation de la qualité de l'eau mise à la disposition des populations n'ayant pas accès au réseau public d'adduction d'eau potable. Ce problème est dû : à l'absence d'une législation en la matière, à l'insuffisance des infrastructures et équipement d'analyse et à l'inexistence des structures de suivi de la qualité de l'eau. La situation est exacerbée par le fait que beaucoup de pays du Sud ne disposent pas des normes de qualité.

Une eau impropre à la consommation peut être source des maladies dites hydriques. Elle ne peut donc pas être bue. Elle peut cependant servir à l'irrigation, à la pisciculture, à la lessive, etc.

En ce qui concerne les programmes humanitaires, le problème de l'eau se pose généralement en termes de qualité comprise au sens de potabilité. Les zones d'intervention des organismes humanitaires étant dans la plupart de cas situées loin de l'information et des laboratoires d'analyse, les acteurs du secteur se retrouvent dans l'incapacité d'évaluer convenablement la qualité de l'eau. D'où la nécessité de mettre à leur disposition un document pouvant leur servir de guide dans la réalisation de cette tâche. Ce document a l'ambition de jouer pleinement ce rôle en étant un guide, un aide-mémoire ou tout simplement un Mémento.

Le Mémento de l'eau souterraine destinée à la consommation humaine est donc un document qui doit répondre aux questions courantes que l'on se pose sur l'évaluation de la qualité de l'eau d'un captage : Quels paramètres analyser ? Quelles normes appliquer ? Quelles fréquences adopter ? Quel matériel de prélèvement et d'analyse utiliser ? Comment procéder ?

En format de poche, ce document est conçu en fonction des réalités de notre région : nature des ressources en eau captées, types de roches traversées par ces eaux, équipement d'échantillonnage et d'analyse disponible, pollutions potentielles, etc. Les normes d'appréciation proposées tiennent également compte de ces réalités.

Ce Mémento guide l'utilisateur au prélèvement, à la conservation et au transport des échantillons vers le laboratoire d'analyse. Une fois en possession des résultats du laboratoire, ce mémento aide l'utilisateur à interpréter les résultats obtenus.

Chapitre I

ECHANTILLONNAGE, CONSERVATION ET TRANSPORT

I.1. Introduction

Ce chapitre traite des precautions qui doivent être prises préalablement à l'échantillonnage afin de s'assurer de la qualité des échantillons prélevés et de permettre l'interprétation des analyses.

Le prélèvement des eaux est régi par les normes internationales notamment ISO 5667. Les recommandations présentées ici ont été simplifiées en vue d'être utilisables par tout technicien disposant des connaissances de base. Mais il faut noter que l'échantillonnage est l'une des plus importantes étapes de l'analyse. Il permet de réduire la taille de la fraction d'un lot à étudier ainsi que la procédure à suivre pour effectuer le prélèvement de manière à garantir la représentativité. En effet, quelle que soit la précision des méthodes analytiques utilisées, si l'échantillon n'est pas représentatif, l'évaluation et les conclusions qui en seront tirées risquent de ne pas être en adéquation avec le lot à étudier.

I.2. Préalables

L'échantillonnage doit être réalisé dans des conditions rigoureuses de façon à éviter la modification des propriétés des échantillons d'eau prélevés.

Ce qu'il faut faire avant de descendre sur le site pour prélever les échantillons :

- Disposer d'un minimum d'informations sur le site de prélèvement (localisation, voie d'accès, accessibilité, sécurité, etc.). Car, parfois le site peut présenter certains dangers : risques d'effondrement, attaque par les animaux, marécages, etc.
- Se munir de toutes les autorisations nécessaires (ordre de mission, autorisation de la municipalité, etc.) ;
- Prendre contact avec le laboratoire d'analyse pour obtenir les orientations devant guider le prélèvement ;
- Connaître le type d'analyses à effectuer car c'est ce dernier qui détermine les quantités nécessaires à prélever et les conditions de conservation ;
- Connaître le nombre d'échantillons à prélever pour prévoir le nombre de flacons à disponibiliser ;

- Disposer d'une fiche d'échantillonnage (voir modèle en annexe 1) qui doit être contenu dans un carnet de terrain. Certains laboratoires peuvent eux-mêmes fournir ce genre de fiches ;
- Vérifier qu'on a tout le matériel nécessaire.

I.3. Matériel, équipement et réactifs

L'inventaire du matériel et de l'équipement nécessaires doit être fait avant de descendre sur terrain. Le type de matériel et équipement varie en fonction des préalables cités au point I.2. Par exemple, une canne à prélever télescopique est nécessaire lorsque l'accessibilité est limitée (puits domestique profond) alors que pour une source, juste un flacon suffit. Le matériel et l'équipement généralement utilisés comprennent :

- Flacons de prélèvement
- Glacière, coffre ou enceinte réfrigéré
- Gants
- Papiers-filtres
- Serviettes en papier
- Pissettes avec eau distillée
- Etiquettes autocollantes

- Marqueur indélébile
- Stylo + carnet
- Canne à prélever (ou corde avec récipient)
- Réactifs de conservation (acide chlorhydrique ou nitrique dilué)
- Réactifs de désinfection (éthanol)
- Tenue de terrain (blouson, bottes et casquette)

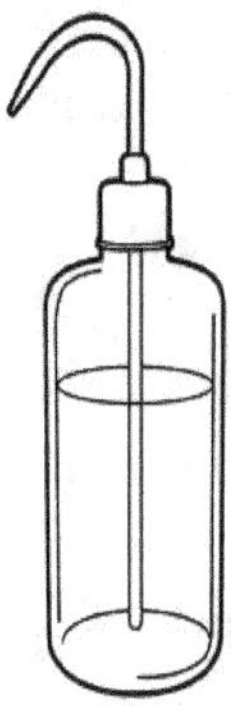

J'ai déjà vu une pissette de laboratoire

I.4. Taille de l'échantillon

La taille de l'échantillon dépend des préalables cités au point I.2 et plus spécifiquement de la méthode d'analyse, du nombre des paramètres à analyser et de la nécessité d'avoir un échantillon témoin pouvant servir à refaire des analyses en cas d'erreur. Tenant compte de différentes contraintes, nous recommandons une quantité minimale de 250 ml pour les analyses physicochimiques. En ce qui concerne les analyses microbiologiques la même quantité peut également être recommandée.

La norme ISO 5667-1 : 2006 énonce les principes généraux et fournit les lignes directrices pour la conception des programmes et des techniques d'échantillonnage en tenant compte des aspects relatifs à l'échantillonnage des eaux (OFEFP, 2003).

Une quantité minimale de 250 ml pour chaque type

I.5. Prélèvement

Afin de prélever correctement les échantillons dans le cadre du contrôle de la qualité de l'eau destinée à la consommation humaine, voici quelques règles minimales à observer au niveau d'un puits ou d'une source :

- Se désinfecter les mains à l'aide de l'alcool (éthanol) ou porter les gants à usage unique ;
- Rincer le flacon avec l'eau à prélever ;

- Prélever à l'aide de la canne (cas du puits) ;
- Remplir le flacon tout en évitant de le toucher à l'intérieur ;
- Boucher le flacon immédiatement après en prenant soin de ne pas toucher l'intérieur du bouchon ;
- Essuyer le flacon, poser l'étiquette et coder l'échantillon ;
- Compléter la fiche d'échantillonnage et placer le flacon dans la glacière.

N.B. : Les poussières et autres saletés se retrouvent généralement à la surface libre de l'eau. Par conséquent il faut plonger le récipient de manière à ne pas prélever à la surface.

… Plonger de manière à ne pas prélever
à la surface

I.6. Identification des échantillons

Les échantillons sont identifiés et distingués les uns des autres à l'aide d'un certain nombre d'éléments inscrits sur l'étiquette.

Il s'agit, entre autres, de :

- Lieu de prélèvement ;
- Date et heure de prélèvement ;
- Présence ou non d'un agent de conservation et sa nature ;
- Numéro d'identification ;
- Coordonnées géographiques ;
- Observations sur les conditions de prélèvement ;
- Etc.

... ne pas oublier de placer une étiquette pour l'identification de l'échantillon

I.7. Conservation

Parfois les contenants sont fournis avec les agents de conservation. Dans le cas où ils sont fournis sans agent de conservation, il faudra en ajouter sur terrain.

La conservation des échantillons doit être faite de manière à ne pas modifier les caractéristiques de l'eau prélevée. Pour cela il faut garder l'échantillon dans une glacière, dans un coffre ou dans une enceinte réfrigérée de sorte qu'il reste à l'obscurité et à une température préalablement ajustée dans la plage allant de 2 à 8°C.

La température interne de l'enceinte devra être contrôlée pendant toute la durée du transport. En ce qui concerne les métaux, si les analyses doivent être effectuées ultérieurement, il faudra y ajouter quelques gouttes d'acide chlorhydrique ou nitrique légèrement dilué.

Pour les métaux, après ajout d'un agent de conservation (acide chlorhydrique par exemple), le délai de conservation peut aller jusqu'à 6 mois. Pour les oxo anions, aucun agent de conservation n'est nécessaire, mais le délai de conservation va de 2 à 28 jours en fonction de l'oxo anion considéré. Par exemple, 2 jours pour les nitrites et 28 jours pour les sulfates.

Pour les paramètres physicochimiques tels que le pH, la turbidité, la couleur, etc. l'idéal est de les analyser sur le site. A défaut de disposer de l'appareillage nécessaire sur le site, les analyses doivent être effectuées dans les 24 heures qui suivent le prélèvement.

I.8. Transport

D'une manière générale le transport des échantillons devra être réalisé dans une glacière ou une enceinte réfrigérée qui peut être placée à bord d'un véhicule. Le véhicule ne devra pas rester longtemps exposé au soleil car l'augmentation de la température interne peut entraîner celle de la glacière. Dans tous les cas, si les échantillons doivent rester pendant longtemps dans le véhicule, par exemple au cours des longs trajets, il est recommandé de maintenir la température à bord en faisant tourner le dispositif de l'air conditionné.

Le transport doit être effectué avec soin pour éviter de casser les récipients ou de provoquer une fuite des échantillons. Des caisses de transport rigides et des boîtes sécurisées peuvent être utilisées pour cela.

Les échantillons d'eau contenus dans les flacons sont placés dans une glacière avant leur transport à bord d'un véhicule

I.9. Consignes spécifiques

En vue de garantir l'intégrité des échantillons et d'éviter toute contamination pour garantir la représentativité, les consignes suivantes doivent être observées :

- S'assurer de la propreté de tout le matériel et équipement ;
- S'assurer que les bouchons des flacons sont hermétiquement fermés ;
- S'assurer que tous les échantillons sont bien identifiés et que les fiches d'échantillonnage sont à jour ;
- Protéger les échantillons aux chocs ;
- Ecourter le plus possible la durée de transport.

... Vaut mieux éviter de faire des prélèvements juste après une grande pluie

Un échantillon est une pièce unique, impossible à remplacer ou à reproduire. Il faut donc éviter de prendre le risque de réaliser l'analyse en traitant la totalité de l'échantillon : une erreur accidentelle, un bris du récipient, etc. et il devient impossible de rendre le résultat.

I.10. Conclusion

Le résultat de l'analyse dépend directement de la prise correcte des échantillons. Une mauvaise procédure va infailliblement entraîner un résultat non représentatif. L'interprétation des résultats non représentatifs entraîne, à coup sûr, une mauvaise prise des décisions. Dans le cas précis, il peut s'agir d'interdire la consommation d'une bonne eau, ou d'autoriser la consommation d'une eau impropre. Parfois, cela peut aller jusqu'à engager des dépenses énormes dans un traitement inutile d'une eau déjà potable.

Chapitre II

PARAMETRES DE POTABILITE ET FREQUENCE D'ANALYSE

II.1. Introduction

L'appréciation de la qualité d'une eau destinée à la consommation humaine se fait sur base d'un certain nombre de critères qu'on appelle « critères de potabilité ». Il s'agit des paramètres physiques (par exemple la couleur), chimiques (par exemple la présence d'une substance comme le cuivre) et microbiologiques (par exemple la présence des microbes susceptibles de provoquer des maladies) dont la connaissance permet d'évaluer la qualité de l'eau.

Etablir une liste exhaustive de ces paramètres et déterminer la fréquence de leur analyse n'est pas du tout aisé. Ce chapitre se propose d'apporter les éléments de base pouvant aider à surmonter cette difficulté.

II.2. Types de contrôle

Au moment du captage, une première analyse est réalisée en vue d'établir la potabilité de l'eau ; c'est-à-dire, dire si l'eau est propre à la consommation humaine (Berland et al., 2005). Cette analyse se fait sur un spectre très large ; elle porte donc sur plusieurs paramètres. S'il s'avère que l'eau captée et analysée est potable, celle-ci peut alors être mise à la disposition des populations. Avec le temps, les caractéristiques de cette eau peuvent varier ; parfois même jusqu'à devenir impropre à la consommation. Pour s'assurer qu'elle demeure potable, il faut donc un contrôle régulier. Ce contrôle porte alors uniquement sur un nombre limité de paramètres sélectionnés en fonction des caractéristiques locales et/ou des contaminations suspectées.

Deux types de contrôles sont donc recommandés, il s'agit du contrôle de routine et du contrôle complet.

- Le Contrôle de routine ne concerne qu'un nombre restreint de paramètres ;
- Le contrôle complet vise à évaluer la potabilité de l'eau en identifiant les substances présentes et susceptibles de nuire à la santé humaine.

II.3. Contrôle complet

Dans ce Mémento, nous proposons au total 43 paramètres qui peuvent être regroupés en 4 catégories : paramètres physicochimiques, paramètres organoleptiques, paramètres microbiologiques et composition chimique. Ces paramètres sont spécifiés sur le modèle du bulletin d'analyse en annexe 2.

Il s'agit de :

- Paramètres physicochimiques (3 paramètres) : pH, turbidité et matières en suspension ;
- Paramètres organoleptiques (4 paramètres) : aspect, couleur, saveur et odeur ;
- Paramètres microbiologiques (13 paramètres) : Examen microscopique à l'état frais et après coloration de Gram, flore mésophile aérobie, coliformes totaux, coliformes fécaux, escherichia coli, salmonella et shigella, streptocoques fécaux, spore d'anaérobie sulfitoréducteurs, levure, moisissures, pseudomonas aeruginosa et staphylocoques pathogènes ;
- Composition chimique (23 substances chimiques) : aluminium, arsenic, cadmium, cobalt, chrome, cuivre, fer, mercure, manganèse, nickel, plomb, sélénium, zinc,

bromures, chlorures, cyanures, fluorures, iodures, nitrites, nitrates, sulfures, phosphates et sulfates.

Les 43 paramètres précités ont été retenus sur base des connaissances scientifiques actuelles, des réalités locales et des moyens techniques disponibles dans notre contrée. Les connaissances scientifiques et les moyens techniques étant évolutifs dans le temps, les réalités locales étant aussi susceptibles de changer, les paramètres ainsi retenus doivent être mis à jour. Il faut préciser que certains paramètres sont faciles à mesurer tandis que d'autres nécessitent un équipement coûteux ou demandent beaucoup de temps d'analyse. Ces paramètres ont, par conséquent, des coûts d'analyse différents. Par exemple, le pH est un paramètre facile à mesurer et ne demandant pas beaucoup de temps d'analyse. Tandis que, les matières en suspension demandent beaucoup de temps, surtout si elles doivent être déterminées par des méthodes classiques (méthodes gravimétriques).

Ainsi donc, les 43 paramètres sont à analyser juste après le captage et avant toute consommation.

En ce qui concerne la fréquence, le contrôle complet est à effectuer une fois l'an.

II.4. Contrôle de routine

Le contrôle de routine porte sur un nombre réduit des paramètres sélectionnés sur base des résultats de départ ou des contaminations suspectées. Si le résultat initial a indiqué, par exemple, que l'eau renferme une substance nuisible à la santé en concentration proche de la limite acceptable, cette substance doit faire l'objet d'un contrôle de routine. Il en est de même d'un captage situé dans une zone où les fosses septiques sont susceptibles de contaminer l'eau. Pour ce genre de captage, les microbes ou germes pathogènes d'origine fécale doivent faire l'objet d'un contrôle de routine. C'est le cas également d'un captage localisé dans une zone où il y a des activités minières présentant des risques de pollution des eaux par les métaux lourds. Pour ce genre de captage, l'analyse des métaux lourds doit aussi faire l'objet d'un contrôle de routine.

Les paramètres faciles à mesurer doivent en principe faire l'objet d'un contrôle de routine. C'est par exemple l'analyse des paramètres organoleptiques (aspect, couleur, saveur et odeur).

Certains paramètres, dits paramètres globaux, nécessitent également de faire l'objet d'un contrôle de routine parce qu'ils sont susceptibles de donner une information portant sur plusieurs autres paramètres avec pour possibilité de dispenser leur analyse. C'est le cas des coliformes totaux. Si par exemple, le résultat d'analyse n'indique pas la présence des coliformes totaux dans un échantillon d'eau, l'analyse des coliformes fécaux devient inutile.

Tenant compte de :

- Réalités de notre région ;
- Facilité d'analyse ;
- Moyens techniques disponibles dans les pays du Sud ;
- Très nombreux résultats d'analyses consultés relatifs aux échantillons d'eau de notre région ;

Les paramètres suivants doivent nécessairement faire l'objet des analyses de routine. Il s'agit de :

- Paramètres organoleptiques : aspect, couleur, saveur et odeur ;
- Paramètres physicochimiques : pH, turbidité et matières en suspension ;
- Paramètres microbiologiques : coliformes totaux, coliformes fécaux et Escherichia Coli ;
- Composition chimique : cuivre, cobalt, manganèse, fer, zinc, plomb, arsenic, nickel, cadmium, aluminium, nitrates, nitrites, sulfates, sulfures, cyanures et phosphates.

En ce qui concerne la fréquence, le contrôle de routine est à effectuer une fois le mois.

Fréquence d'analyse	Contrôle de routine	Contrôle complet
	1 fois tous les mois	1 fois l'an
Paramètres	- Organoleptiques : aspect, couleur, saveur et odeur ; - Physicochimiques : pH, turbidité et MES ; - Microbiologiques : coliformes totaux, coliformes fécaux et Escherichia coli ; - Composition chimique : Cu, Co, Mn, Fe, Zn, Pb, As, Ni, Cd, Al, nitrates, nitrites, sulfates, sulfures, cyanures et phosphates ; - Paramètres relatifs aux contaminations suspectées	Tous les paramètres

II.5. Conclusion

L'objectif de ce chapitre était d'une part, d'établir la liste des paramètres à analyser pour évaluer la qualité d'une eau potable ; et d'autre part, de déterminer la fréquence pour chaque paramètre.

Au total, 43 paramètres sont proposés. La liste des paramètres ainsi retenus et leur fréquence d'analyse, ont été fixés en tenant compte des éléments suivants : les connaissances scientifiques du moment, les directives de l'OMS, les réalités de notre région, les nombreux résultats d'analyse relatifs aux échantillons d'eau de notre milieu et des moyens techniques disponibles dans notre contrée.

Ces paramètres sont retenus sous réserve d'application dans des zones particulières telles que des zones radioactives où il faut en plus tenir compte des paramètres spécifiques.

Dans ce Mémento, nous proposons donc deux contrôle de qualité. Le premier, dit complet, à effectuer avant de permettre toute consommation ; et à refaire chaque année. Le second, dit de routine, à effectuer une fois le mois.

Donc un premier contrôle, portant sur un grand de paramètres, soit 43 au total, est réalisé. Par la suite, dans le cadre d'un contrôle régulier, le nombre de ces paramètres est revu à la baisse en fonction des résultats de départ, des caractéristiques locales et des contaminations suspectées.

Il est à noter que les paramètres suivants : turbidité, limpidité et matières en suspension donnent la même information, mais sont mesurés par des techniques différentes. C'est pour cette raison qu'elles ont été toutes retenues.

La conductivité n'est pas retenue comme paramètre pour caractériser l'eau potable pour la simple raison qu'elle est liée à la quantité des sels et métaux dissous. Or, pour l'eau minérale par exemple, la présence des sels minéraux nécessaires à l'organisme humain est souhaitée.

Chapitre III

METHODES D'ANALYSE ET APPAREILLAGE

III.1. Introduction

Même si la tâche de l'analyse de l'eau incombe aux laboratoires et aux spécialistes de la question, il convient, dans un document comme celui-ci, de ne pas passer sous silence la question des méthodes et de l'appareillage d'analyse. En effet, comme il appartient au demandeur du service d'évaluation de la qualité de l'eau de choisir lui-même l'analyste et le laboratoire, il faudrait donc lui fournir des éléments d'information susceptibles de le guider à faire un choix rationnel. Tel est l'objet de ce chapitre. Il vise donc à traiter des méthodes d'analyse et de l'appareillage utilisés dans le cadre de l'évaluation de la qualité de l'eau.

Il existe plusieurs méthodes d'analyse des eaux. Ce document n'a pas pour objectif de les énumérer toutes. Par conséquent, il va se limiter à celles qui sont considérées comme étant les plus utilisées actuellement et qui sont disponibles dans notre contrée. Pour que la description des méthodes d'analyse et de l'appareillage faite ici soit à la portée de tout utilisateur, quelle que soit sa formation, un langage moins technique est adopté et le glossaire placé en tête du document peut être mis à profit.

III.2. Géolocalisation

La géolocalisation consiste à donner la position géographique d'un point fixe ou mobile à un instant donné. Dans le cadre de ce document, la géolocalisation est nécessaire pour donner l'emplacement d'un captage, ce qui peut faciliter son repérage sur une carte ou dans une base de données.

La géolocalisation se fait facilement à l'aide d'un appareil qu'on appelle GPS.

Un GPS est un appareil de positionnement guidé par satellites. Il en existe de plusieurs sortes et marques. La marque la plus utilisée est GARMIN.

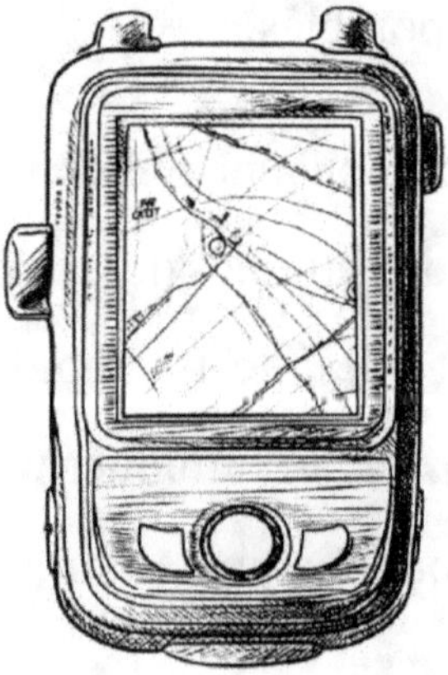

Le GPS : un appareil de géolocalisation simple d'utilisation.

La manipulation d'un GPS pour les usages courants, par exemple le positionnement d'un captage, ne nécessite toujours pas un coaching. Une simple lecture de la notice, comme pour un téléphone portable, peut en permettre la manipulation. Après avoir sélectionné la fonction affichage de la position, la lecture des coordonnées est faite directement sur l'écran de l'appareil. Pour un utilisateur chevronné, d'autres fonctions peuvent être exploitées. Il s'agit par exemple de la détermination de l'altitude, le traçage de l'itinéraire, le marquage des points, la mémorisation des données, etc.

III.3. Analyses in-situ

Les analyses in-situ sont réalisées sur le site même de captage et cela juste après prélèvement de l'échantillon. Le nombre et le type de paramètre à analyser sur terrain dépendent beaucoup plus des moyens techniques (appareillage) disponibles.

Les méthodes d'analyse in situ sont souvent préférées pour éviter le risque d'évolution dans le temps de certaines des propriétés des échantillons. Ces méthodes sont des tests rapides de détermination des caractéristiques physico-chimiques et de composition chimique. Elles doivent répondre à un certain nombre des critères précis, notamment :

- Elles doivent être capables de fournir des résultats dans un délai de l'ordre de la minute à la dizaine de minutes ;

- Elles ne doivent pas nécessiter de travaux onéreux difficiles à réaliser sur site (entretien, étalonnage, etc.) ;
- Elles doivent avoir une sensibilité, une précision et une exactitude de mesure bien établie afin de rencontrer les exigences de qualité.

L'inconvénient majeur des méthodes de terrain, en ce qui concerne la composition chimique, est leur faible degré de précision. Elles ne permettent généralement pas de quantifier les espèces chimiques avec une précision comparable aux analyses de laboratoire. Mais elles offrent cependant l'avantage d'être effectuées à l'aide d'un matériel portable, capable de fonctionner dans des conditions difficiles et d'avoir un coût inférieur à celui des analyses de laboratoire auquel il faut ajouter celui du prélèvement des échantillons et de leur transport.

Les analyses in-situ portent sur les paramètres organoleptiques (aspect, couleur, odeur et saveur), sur les paramètres physicochimiques (pH et turbidité) et sur la composition chimique. Les paramètres microbiologiques ne sont pas analysés sur terrain à moins de disposer d'un laboratoire mobile.

a) Analyses organoleptiques :

Pour l'examen de l'aspect, de la couleur, de l'odeur et de la saveur, on fait recours aux organes de sens. Même si actuellement il existe des appareils capables de faire de telles analyses, le recours aux organes de sens reste indispensable. En effet, le recours aux organes place l'analyste dans les conditions du consommateur.

Pour l'odeur et la saveur, l'échantillon est porté au sens de l'analyste dans un gobelet en plastique ou en aluminium.

Quant à l'aspect et à la couleur, l'échantillon est examiné en plein jour sur fond blanc (feuille de papier ou mouchoir blanc) avec le soleil dans le dos de l'analyste.

b) Analyses physicochimiques :

Pour les paramètres physicochimiques, leur détermination nécessite l'utilisation de petits appareils électroniques portables. Dans ce cas précis, on a besoin d'un pH-mètre et d'un turbidimètre. Ces appareils fonctionnent avec des piles ou des batteries rechargeables.

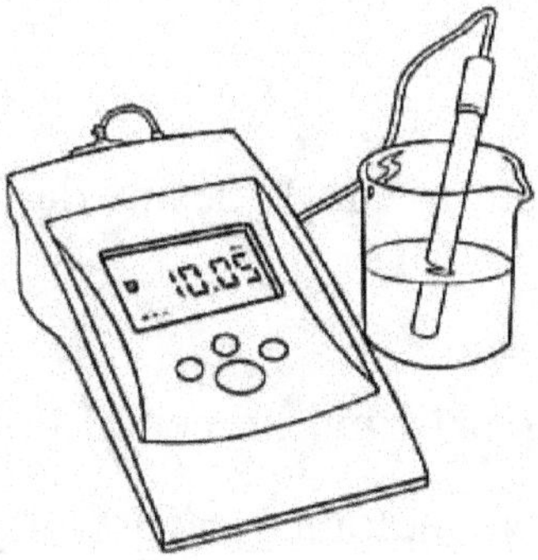

Un pH-mètre est facile à utiliser

Il est important de signaler que ces piles ou batteries doivent être enlevées de l'appareil si celui-ci doit rester longtemps sans être utilisé.

Le pH peut également être déterminé à l'aide des méthodes colorimétriques. On utilise à cet effet des bandelettes indicatrices de pH.

Cette façon de détermination du pH ne permet pas de donner avec précision la valeur du pH. Elle permet seulement de donner une indication sur l'ordre de grandeur de cette valeur.

La turbidité désigne la concentration en matières qui troublent une eau. Dans le domaine de l'eau, il est normalisé (NF EN ISO 7027) deux unités de mesure de la turbidité utilisant la formazine comme étalon :

- FNU (Formazine Nephelometric Unit), ou NFU. Cette unité mesure la turbidité sous un angle de 90° à une longueur d'onde de 860 nm ;
- FAU (Formazine Attenuation Unit) mesure la lumière transmise (180°).

L'unité de turbidité prescrite par l'Environmental Protection Agency (EPA – USA) est le NTU (Nephelometric Turbidity Unit). La mesure s'effectue sur la lumière diffusée à 90°, mais à une longueur d'onde différente de 860 nm.

Correspondance entre les unités : 1 NFU = 1 FAU. Pour des turbidités inférieures à 10 à 20 NFU : 1 NFU = 1 NTU. Au-delà 1 NFU = 0,6 NTU.

En première approximation on peut corréler la turbidité à la concentration en matières en suspension (MES) :

- Turbidités inférieures à 10 – 20 NFU : MES = 2 mg/L ;
- Turbidités supérieures à 20 NFU : MES = 3,3 mg/L.

Un turbidimètre est aussi simple d'utilisation

c) Composition chimique :

La détermination de la composition chimique concerne les espèces chimiques présentes dans l'échantillon d'eau considéré. Ces espèces peuvent être sous différentes formes : ions, particules colloïdales, molécules à l'état dissous, etc.

Deux types de méthodes de détermination de la composition chimique sur terrain existent :

- les méthodes semi-quantitatives ;
- les méthodes quantitatives.

Les méthodes semi-quantitatives se font généralement avec des bandelettes en papier épais ayant des réactifs imprimés dessus et contenus dans des tubes en plastique. Une fois la bandelette trempée dans l'eau à analyser, sa couleur varie en fonction de la concentration de l'ion analysé. Il suffit donc d'immerger la bandelette et de comparer sa couleur avec une échelle de couleur imprimée sur la boîte. La lecture du résultat est directement effectuée en mg/l. Le couvercle de la boîte contenant ces bandelettes est généralement muni d'une cartouche dessiccante assurant parfois unc durée de conservation supérieure à 2 ans (à ±30°C). Ces méthodes sont valables tant pour les analyses sur terrain qu'au laboratoire. Elles sont très faciles à manipuler et donnent rapidement un ordre de grandeur des teneurs des éléments recherchés.

Les méthodes quantitatives de terrain se font généralement à l'aide des appareils tels que les photomètres.

Les plus récents photomètres qu'on retrouve sur le marché ont des caractéristiques très améliorées telles que :

- La lecture directe des résultats en mg/l ;
- La fonction minuterie pour mesure automatique après le temps de réaction ;
- La correction automatique des blancs d'échantillon ;
- L'interface RS232 pour transfert des données sur PC ou imprimante ;

- La mémoire interne parfois jusqu'à 1000 mesures avec date, heure et numéro d'échantillon ;
- L'affichage en plusieurs langues ;
- La mise à jour des méthodes d'analyse et d'autres langues disponibles par téléchargement via internet.

Ces photomètres sont portables. Ils permettent la réalisation de plusieurs analyses dont le nombre dépend des caractéristiques de l'appareil.

III.4. Analyses de laboratoire

Les analyses de laboratoire peuvent porter, à la fois, sur les paramètres analysés sur le site et sur les paramètres difficiles à être analyser su terrain. Ces analyses sont plus approfondies, plus précises et plus exactes puisque se déroulant dans des très bonnes conditions de travail.

En ce qui concerne les analyses de laboratoire portant sur l'évaluation de la qualité de l'eau, trois types d'analyses sont à noter, il s'agit des analyses physico-chimiques, des analyses microbiologiques et de la composition chimique.

Pour connaître la qualité de l'eau avec plus de précision, j'amène mes échantillons au laboratoire

a) Analyses physicochimiques :

La détermination du pH et de la turbidité qu'on réalise sur terrain peut également être effectuée au laboratoire. La détermination de la teneur en matières en suspension par des méthodes classiques, se réalise uniquement au laboratoire.

b) Analyses microbiologiques :

En ce qui concerne les analyses microbiologiques, les échantillons doivent être acheminés au laboratoire le plus tôt possible de manière à permettre la réalisation des analyses tout au plus tard dans les 12 heures qui suivent le prélèvement.

Pour la détection et la numération des organismes indicateurs de la pollution microbiologique, le matériel suivant peut être utilisé : incubateur, bain marie, autoclave, boîte de Pétri et pipette.

c) Composition chimique :

Les analyses chimiques des cations se font couramment par spectrométrie (absorption ou émission atomique). Les spectromètres sont calibrés à l'aide des solutions standards préalablement préparées et permettent de doser quantitativement les éléments métalliques majeurs, mineurs ainsi que ceux en trace. La limite de détection de ces appareils est fonction du type d'appareil utilisé et de la marque. Les analyses chimiques des anions, quant à elles, peuvent être effectuées par photométrie.

Pour la confirmation et la reproductibilité des résultats d'analyses, il est conseillé d'effectuer plusieurs lectures et au besoin de procéder aux analyses inter-laboratoire.

III.5. Conclusion

L'objectif de ce chapitre était de donner les différentes méthodes d'analyse pouvant être utilisées, ainsi que l'appareillage et équipement nécessaires à leur réalisation.

Les méthodes et appareillage, ici proposés, tiennent compte des moyens techniques disponibles dans notre contrée.

La fiabilité et la précision des résultats d'analyse obtenus est fonction des performances de l'équipement utilisé et de l'habileté de l'analyste.

Chapitre IV

CRITERES D'APPRECIATION

IV.1. Introduction

Après analyse, les résultats doivent être interprétés en vue d'attribuer à l'eau une qualité donnée. Cette attribution est fondée sur les valeurs obtenues pour chaque paramètre. L'OMS donne des directives d'appréciation de la qualité de l'eau (OMS, 1971). Ces directives doivent être adaptées aux réalités de chaque région afin d'être traduites en normes (Besbes, 1998). A l'heure actuelle, la RDC, ne dispose pas encore de telles normes. Et pourtant, le besoin d'en disposer est imminent. C'est pourquoi, dans ce document, nous prenons l'initiative d'en proposer.

Les valeurs proposées se réfèrent :

- Aux directives de l'OMS, de l'UE et des USA ;
  « traditionnellement » consommée dans notre région ;
- Aux caractéristiques de nos formations géologiques ;
- A l'état actuel des connaissances scientifiques sur la question.

IV.2. Critères organoleptiques

Sur le plan organoleptique, une eau propre à la consommation humaine doit être à la fois : inodore, incolore, limpide et insipide. Si l'un de ces critères n'est pas satisfait, l'eau est déclarée impropre à la consommation humaine. Cela veut dire que, dans ces conditions, elle ne peut être bue. Elle peut néanmoins être utilisée pour d'autres usages.

IV.3. Critères physicochimiques

Pour apprécier la qualité de l'eau sur le plan physicochimique, les paramètres proposés dans ce mémento sont : le pH, la turbidité et les matières en suspension.

La valeur de référence du pH est 7. Cette valeur indique que l'eau n'est ni acide ni basique. Une eau propre à la consommation humaine susceptible d'être conservée dans un récipient métallique doit avoir un pH compris entre 6,0 et 8,0.

En ce qui concerne la turbidité, une eau destinée à la consommation humaine doit avoir une valeur inférieure ou égale à 5 NTU.

IV.4. Critères microbiologiques

Une eau propre à la consommation humaine doit être exempte de tout microorganisme pathogène. La majorité des microorganismes pathogènes (virus, bactéries ou protozoaires pouvant causer des maladies) susceptibles de se trouver dans l'eau proviennent de déjections humaines ou animales. Comme il est techniquement impossible de faire l'analyse de tous les pathogènes, on utilise plutôt des indicateurs microbiologiques.

Pour qu'une eau soit jugée propre à la consommation humaine, la valeur de tous les paramètres indicateurs microbiologiques doit être nulle ; à l'exception de la levure et de spore d'anaérobie sulfitoréducteur pour lesquels les valeurs maximales, respectivement de 10/ml et 1/20 ml sont tolérées.

IV.5. Composition chimique

Pour qu'une eau soit jugée propre à la consommation humaine sur le plan de la composition chimique, les concentrations en 23 éléments chimiques spécifiés dans le tableau en annexe 2 doivent être inférieures aux valeurs indiquées dans le même tableau.

IV.6. Conclusion

Ce chapitre avait pour objectif de donner des valeurs des critères d'appréciation d'une eau de boisson. Ces valeurs sont proposées en tenant compte des directives de l'OMS, de l'UE et des USA ; des moyens techniques dans notre contrée ; des caractéristiques de notre milieu et après avoir examiné plus d'une centaine de résultats d'analyse des eaux de notre région.

Ces normes, même sans avoir un caractère légal, peuvent servir de référence pour apprécier la qualité de l'eau. Elles sont résumées dans le modèle du bulletin d'analyse en annexe 2.

Chapitre V

PRESENTATION DU RAPPORT D'EVALUATION DE LA QUALITE

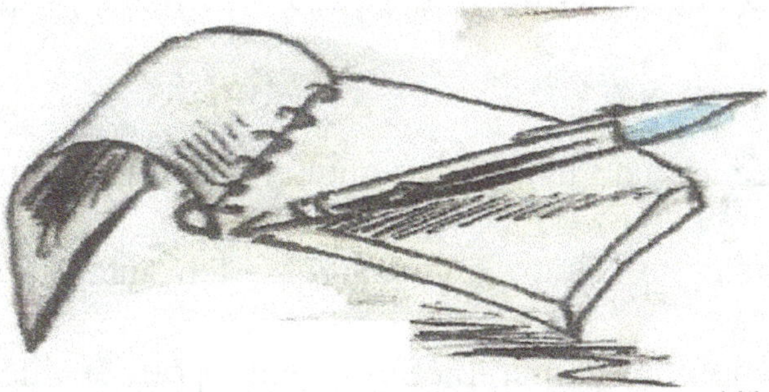

... Je dois rédiger et déposer mon rapport

Comme tout travail, l'évaluation de la qualité est sanctionnée par un rapport. Celui-ci doit être le plus explicite possible de manière à permettre l'appréciation du travail réalisé. Un simple bulletin d'analyse ne suffit pas pour faire cette appréciation.

Le rapport d'évaluation de la qualité de l'eau destinée à la consommation humaine doit être structuré de manière claire et détaillée afin de fournir une analyse complète et compréhensible des résultats obtenus.

Pour être complet, un rapport d'analyse doit comprendre les éléments suivants :

- Une description du site concerné ;
- Les conditions de prélèvement, de conservation et de transport des échantillons ;
- Le matériel utilisé de l'échantillonnage jusqu'aux analyses ;
- Le nom du laboratoire auquel on a eu recours ;
- Les résultats obtenus et leur interprétation.

Le nombre de paramètres retenus pour évaluer la qualité de l'eau étant élevé (43 paramètres), il convient de les synthétiser dans un tableau où apparaissent également les normes utilisées pour l'interprétation des résultats. Dans ce document, un modèle est proposé à l'annexe 2.

Voici un modèle de structure que l'on peut suivre pour présenter ce rapport :

V.1. Page de titre

- Titre du rapport : Rapport d'évaluation de la qualité de l'eau destinée à la consommation humaine ;
- Nom de l'organisme ou de l'entité ayant réalisé l'étude ;
- Date de la rédaction du rapport ;

- Lieu de l’évaluation (nom de la ville, région, ou zone géographique concernée) ;
- Nom des responsables (personnes ayant effectué les prélèvements et analyses).

V.2. Introduction

- Objectif du rapport : Préciser l'objectif de l'étude (évaluer la qualité de l'eau destinée à la consommation humaine, vérifier la conformité aux normes, etc.).
- Contexte : Présenter brièvement le contexte dans lequel l’évaluation a été réalisée (par exemple, prélèvement d’échantillons suite à des plaintes de consommateurs, routine de surveillance de la qualité de l'eau, etc.).
- Méthodologie générale : Présenter les grandes lignes de la méthode utilisée pour évaluer la qualité de l’eau, notamment le type de prélèvements, la période, et les paramètres mesurés.

V.3. Méthodologie

- Description des échantillons : Détails sur les points de prélèvement, nombre d’échantillons collectés, dates et heures de collecte, conditions de transport des échantillons, etc.

- Paramètres analysés : Liste des paramètres physico-chimiques, biologiques et microbiologiques mesurés (pH, turbidité, concentration en métaux lourds, bactéries, etc.).
- Normes de référence : Mentionner les normes de qualité de l'eau en vigueur (par exemple, les recommandations de l'OMS ou les normes nationales) pour comparer les résultats obtenus.
- Méthodes d'analyse : Décrire brièvement les techniques analytiques utilisées (par exemple, spectrophotométrie pour les métaux, culture bactérienne pour les coliformes, etc.).

V.4. Résultats

- Tableaux de résultats : Inclure des tableaux clairs récapitulant les résultats des analyses pour chaque paramètre mesuré. Pour chaque échantillon, indiquer :
    - Les valeurs mesurées ;
    - Les limites maximales autorisées selon les normes ;
    - Le respect ou non des limites.
- Graphiques et figures : Si nécessaire, inclure des graphiques pour illustrer les résultats (par exemple, un graphique montrant l'évolution du pH sur différents sites de prélèvement).

- Observations spécifiques : Mentionner tout écart par rapport aux normes, des valeurs particulièrement élevées ou faibles, et d'autres points notables (par exemple, contamination par des microorganismes, valeurs extrêmes de certains paramètres chimiques, etc.).

V.5. Discussion

- Interprétation des résultats : Analyser les résultats obtenus en les confrontant aux normes et recommandations en vigueur. Expliquer ce que signifient ces résultats pour la qualité de l'eau destinée à la consommation humaine.
- Impact potentiel sur la santé publique : Discuter des risques potentiels pour la santé si les résultats dépassent les limites de qualité de l'eau. Par exemple, une concentration élevée de plomb peut présenter un danger pour les jeunes enfants.
- Causes possibles des non-conformités : S'il y a des dépassements des normes, proposer des hypothèses sur les causes possibles (pollution industrielle, défaillance du système de traitement, etc.).
- Comparaison avec des évaluations précédentes (si disponible) : Indiquer si les résultats sont comparables à ceux obtenus dans des

études antérieures, et si la qualité de l'eau s'est améliorée ou détériorée.

V.6. Conclusions

- Résumé des principaux résultats : Fournir un résumé des résultats les plus importants et de leur signification pour la qualité de l'eau.
- Conformité générale : Déterminer si l'eau est conforme ou non aux normes de qualité pour la consommation humaine.
- Recommandations : Proposer des actions à entreprendre en cas de nonconformité (par exemple, traitement de l'eau, amélioration du réseau de distribution, suivi régulier, etc.).

V.7. Recommandations

Il s'agit ici, entre autres, des actions à entreprendre.

- Si des non-conformités sont observées, détailler les mesures correctives recommandées :
    - Application des procédés de traitement (filtration, désinfection, etc.) ;
    - Surveillance continue et fréquence des prélèvements ;
    - Sensibilisation des populations locales à la qualité de l'eau ;

- Actions de réparation ou de maintenance des infrastructures de captage ou de distribution d'eau.

V.8. Annexes

- Documents supplémentaires : Inclure des documents complémentaires comme des fiches techniques, des résultats détaillés d'analyses, des photos des sites de prélèvement, etc.
- Normes de qualité de l'eau : Intégrer les textes de loi ou les normes nationales et internationales sur la qualité de l'eau.

V.9. Bibliographie

- Sources utilisées : Citer les références des documents scientifiques, rapports, normes de qualité de l'eau, ou toute autre ressource ayant été utilisée dans l'élaboration du rapport.

Ce format offre une présentation claire, organisée et complète des résultats de l'évaluation de la qualité de l'eau destinée à la consommation humaine, permettant aux parties prenantes (autorités sanitaires, gestionnaires de l'eau, public) de comprendre les résultats et les actions nécessaires à entreprendre.

CONCLUSION GENERALE

Mettre à la disposition des agents humanitaires intervenant dans le secteur de l'eau un petit outil renfermant les informations nécessaires à l'évaluation de la qualité de l'eau destinée à la consommation humaine, tel a été l'objectif assigné à ce document.

Ce guide de terrain ou Mémento répond aux questions courantes que l'on se pose sur l'évaluation de la qualité de l'eau en ce qui concerne les captages. A ce titre, et de façon spécifique, il présente la manière de procéder pour échantillonner, conserver et transporter les échantillons d'eau. Les paramètres à analyser, leur fréquence d'analyse ainsi que les normes à appliquer pour interpréter les résultats y sont également mentionnés. Les éléments essentiels à la présentation du rapport d'analyse ne sont pas omis sur la liste des informations utiles.

Ce document est un aide-mémoire.

En tant que tel, il est à tenir à la portée de la main et à consulter chaque fois qu'il sera question d'évaluer la qualité d'une eau destinée à la consommation humaine.

REFERENCES A TITRE INDICATIF

1. BERLAND J.M., FABY J.A. et JUERY C., 2005, Gestion patrimoniale des réseaux d'eau potable : enjeux et recommandations, SPDE, 41 p.
2. BESBES R., 1998, Etude du Projet d'amélioration de la gestion du réseau d'eau potable de Bizerte, Atelier 1.
3. BIBES G., 2004, Modélisation de Procédés de traitement des eaux et Reconstruction de grandeurs physicochimiques, Thèse présentée à l'Université de Poitiers, France, 242 p.
4. BOYD David R., 2006, L'eau que nous buvons : les normes et recommandations en matière de qualité de l'eau potable-une comparaison internationale, Fondation David SUZUKI, 45 p.
5. ceaeq@mddep.gouv.qc.ca

7. CNRS, 2001, L'eau de tous les enjeux, édition les transvales, N°390, Février.
8. GUERIN L., SCHNEIDER, 2002,

   L'intérêt des indicateurs de performance dans la gestion des services d'eau et d'assainissement, colloque SHF, Paris, 8 p.
9. http//rhone-alpes.sante.gouv.fr
10. MICHEL E. et DEVES A., 2003,

Energie photovoltaïque : application au traitement de l'eau potable et des eaux usées en zone rurale, 55 p.

11. OFEFP, 2003, Guide pratique : échantillonnage des eaux souterraines, Berne, 84 p.

12. OMS, 1971, Normes européennes applicables à l'eau de boisson, 2ème Edition, Genève, Suisse, 60 p.

ANNEXES

Annexe 1

FICHE D'ECHANTILLONNAGE

☐ Eau de puits ☐ Puits aménagé ☐ Borne fontaine ☐ Eau de source

Localisation :……………………... Coordonnées GPS …………………………

N° De l'échantillon ……………… Date :………/……./20….. Heure ....

☐ Analyses physicochimiques ☐ Analyses microbiologiques

Agent de conservation …………… ………………

PARAMETRES A ANALYSER

<table>
<tr><td colspan="13">Paramètres physico-chimiques</td></tr>
<tr><td colspan="3">Couleur</td><td colspan="2">Saveur</td><td colspan="2">Odeur</td><td colspan="3">pH</td><td colspan="3">Turbidité</td></tr>
<tr><td colspan="3"></td><td colspan="2"></td><td colspan="2"></td><td colspan="3"></td><td colspan="3"></td></tr>
<tr><td colspan="13">Composition chimique : métaux et oxoanions (mg/l)</td></tr>
<tr><td>Cu</td><td>Co</td><td>Mn</td><td>Fe</td><td>Zn</td><td>Pb</td><td>As</td><td>Al</td><td>Cr</td><td>Ni</td><td>Se</td><td>Cd</td><td>Hg</td></tr>
<tr><td></td><td></td><td></td><td></td><td></td><td></td><td></td><td></td><td></td><td></td><td></td><td></td><td></td></tr>
<tr><td colspan="13">Composition chimique : anions (mg/l)</td></tr>
<tr><td>NO_3^-</td><td>NO_2^-</td><td>SO_4^{2-}</td><td>S^{2-}</td><td>CN^-</td><td colspan="2">PO_4^{3-}</td><td>F^-</td><td>Cl^-</td><td colspan="2">Br^-</td><td colspan="2">I^-</td></tr>
<tr><td></td><td></td><td></td><td></td><td></td><td colspan="2"></td><td></td><td></td><td colspan="2"></td><td colspan="2"></td></tr>
<tr><td colspan="13">Paramètres microbiologiques</td></tr>
<tr><td colspan="4">Coliformes totaux</td><td colspan="5">Coliformes fécaux</td><td colspan="4">Mésophiles</td></tr>
<tr><td colspan="4"></td><td colspan="5"></td><td colspan="4"></td></tr>
<tr><td colspan="13">Analyse microbiologique</td></tr>
<tr><td colspan="3">Flore aérobie mésophile</td><td colspan="2">Coliformes totaux</td><td>Coliformes fécaux</td><td colspan="2">Escherichia coli</td><td colspan="2">Salmonella et Shigella</td><td colspan="2">Streptocoques fécaux</td><td>Clostridium perfringens</td></tr>
<tr><td colspan="3"></td><td colspan="2"></td><td></td><td colspan="2"></td><td colspan="2"></td><td colspan="2"></td><td></td></tr>
</table>

Agent échantillonneur

Annexe 2

IDENTIFICATION		Ville Commune					
		Nom du captage					
		Code échantillon			Profondeur forage		
pH		**Turbidité (NTU)**		**Matières en suspension**		**Coordonnées GPS**	
Résultat	Directive	Résultat	Norme	Observé	Mesuré	Longitude	Latitude	Altitude
	6,0 – 8,0		5					

Analyses organoleptiques et microbiologiques		
Paramètres	Résultats	
Organoleptiques sur site		
Couleur		
Saveur		
Odeur		
Macroscopie au laboratoire		
Aspect (Limpidité)		
Odeur		
Turbidité		
Examen microscopie		
A l'état frais		
Après coloration de Gram		
Culture		
Paramètres	**Résultats**	**Normes**
Flore mésophile aérobie		0 UFC/ml
Coliformes totaux		
Coliformes fécaux		0 UFC/ml
Escherichia coli		0 UFC/ml
Salmonella et Shigella		
Streptocoques fécaux		
Spore d'anaérobie sulfitoréducteurs		1/20 ml
Levure		10/ml
Moisissures		
Pseudomonas aeruginosa		0 UFC/100 ml
Staphylocoques pathogènes		0 UFC/100 ml

Composition chimique		
Paramètres	Résultats	Normes
Al		0,2 mg/l
As		0,01 mg/l
Cd		0,003 mg/l
Co		1 mg/l
Cr		0,05 mg/l
Cu		0,5 mg/l
Fe		5 mg/l
Hg		0,001 mg/l
Mn		0,4 mg/l
Ni		0,05 mg/l
Pb		0,01 mg/l
Se		0,01 mg/l
Zn		5 mg/l
Br^-		
Cl^-		250 mg/l
CN^-		0,05 mg/l
F^-		1,5 mg/l
I^-		
NO_2^-		0,2 mg/l
NO_3^-		11 mg/l
S^{2-}		0,05 mg/l
PO_4^{3-}		
SO_4^{2-}		250 mg/l

www.ingramcontent.com/pod-product-compliance
Lightning Source LLC
LaVergne TN
LVHW022314200926
848481LV00004B/1348
* 9 7 9 8 8 9 9 6 6 3 3 6 9 *